中国科学院物理专家 周士兵 编写

星蔚时代 编绘

哈！看得见的物理

改变生活的智慧
功与机械

中信出版集团 | 北京

图书在版编目（CIP）数据

改变生活的智慧：功与机械／周士兵编写；星蔚
时代编绘 . -- 北京：中信出版社，2024.1（2024.8重印）
（哈！看得见的物理）
ISBN 978-7-5217-5797-2

Ⅰ . ①改… Ⅱ . ①周…②星… Ⅲ . ①功 - 少儿读物
Ⅳ . ① O31-49

中国国家版本馆 CIP 数据核字 (2023) 第 114406 号

改变生活的智慧：功与机械
（哈！看得见的物理）

编　　写：周士兵
编　　绘：星蔚时代
出版发行：中信出版集团股份有限公司
　　　　　（北京市朝阳区东三环北路27号嘉铭中心　邮编　100020）
承 印 者：北京启航东方印刷有限公司

开　　本：889mm × 1194mm 1/16　　　印　　张：3　　　字　　数：150千字
版　　次：2024年1月第1版　　　　　　印　　次：2024年8月第3次印刷
书　　号：ISBN 978-7-5217-5797-2
定　　价：120.00元（全5册）

出　　品：中信儿童书店
图书策划：喜阅童书
策划编辑：朱启铭 由蕾 史曼菲
责任编辑：房阳
特约编辑：范丹青
特约设计：张迪
插画绘制：周群诗 玄子 皮雪琦 杨利清
营　　销：中信童书营销中心
装帧设计：佟坤

目录

1 / 功和机械

2 / 衡量力的效果——功与功率

4 / 动与不动的能量——机械能

　　6 / 动静结合的游乐场，巧妙利用机械能

8 / 一根杆子撬地球——杠杆

　　10 / 长长短短，随处可见的杠杆应用

12 / 旋转的"杠杆"——轮轴

　　14 / 省力费力转起来，生活中的轮轴

16 / 小小轮子改变力——滑轮

　　18 / 方便好用的滑轮组

20 / 合理运用机械

22 / 齿轮与传送带

　　24 / 各式各样的齿轮

　　26 / 齿轮该如何旋转

28 / 斜面也是好帮手

　　30 / 用斜面来做大事

　　32 / 双斜面——楔

34 / 盘旋的斜面——螺旋

　　36 / 移动、固定和传递——螺旋的应用

38 / 改变运动的方式——凸轮与曲柄

　　40 / 旋转与往复运动的交响曲

　　42 / 拥有巧妙设计的机械

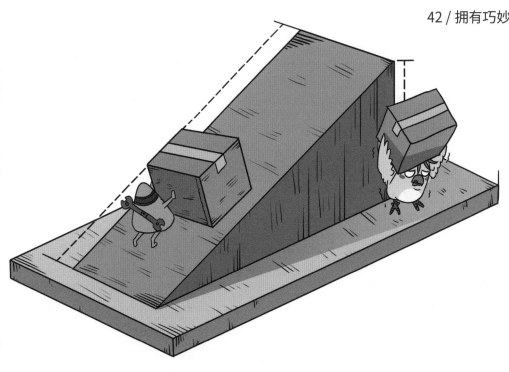

功和机械

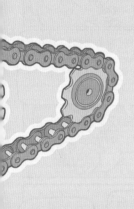

人类利用各式各样的机械完成了数不清的工作。这些机械有的十分复杂，由成千上万个零件组成，有些又很简单，甚至没有一处可以活动的零件。人们是如何设计出这些机械，又如何衡量它们工作的成果呢？在物理的世界中，计算工作可不是简单看谁在"努力地干活"，而是去衡量所做的"功"。了解了功是什么，你就能通过不一样的视角去理解机械的原理，发现物理在生活应用上的奇妙之处。

衡量力的效果——功与功率

动与不动的能量——机械能

哇！水电站的水坝太壮观了！这么多水，倾泻下来，看起来好有力量啊！

不光看起来有力量，这些水确实有巨大的能量。在水坝下面，它们推动的发电机涡轮比公交车还大呢。

记得我们说的做功吗？物体能够对外做功，比如水推动了涡轮，我们就说这个物体具有能量。

能量？水具有什么能量呢？它只是待在那儿，也没干什么呀？

你看，我拿着的这颗铁球也是具有能量的。

我松手后，铁球能砸入沙地，对沙地做功，铁球就具有能量。

当物体处在高处，它就具有一种能，叫作重力势能。高度越高，重力势能就越大。

并且质量越大的物体，重力势能也越大。

咳咳，确实能量更大了。

我们在修建水电站的地方修建水坝就是要把水位抬高，这样位置更高的水的重力势能就越大。

这么多水……这里的能量一定很惊人了。

水库
水坝
发电机
输电塔
拦污栏
进水闸门

动静结合的游乐场，巧妙利用机械能

过山车

过山车的速度时快时慢，你发现其中的规律了吗？当高度增加时，车速就会变慢，因为动能转变成了重力势能，而高度降低时速度变快，因为重力势能又转化成了动能。

过山车后面经过的回环和坡道都不会高于最开始的陡坡，因为如果那样的话过山车就会因为没有足够的能量而停下来。

你注意到过山车最开始总会爬上一个很高的陡坡吗？这其实是为了增加车辆的重力势能，让过山车可以通过后面的轨道。

原来我以为爬这么高只是为了吓唬我，但是知道了原理还是很可怕。

爬上更高的滑梯就能滑得更远，因为高度越高，重力势能越大。

小知识

大量的实验表明，势能与动能转化过程中，机械能的总量是不变的。所以在没有外力干预的情况下，我们不会摆动得比初始最高点更高。

当孩子们在爬上充气城堡时就在积攒重力势能。

海盗船

海盗船在向高处摆动时积攒重力势能，向低处摆动时，重力势能转化为动能。

当从最低点向高点摆动时，动能又转化为重力势能，所以海盗船速度越来越慢。

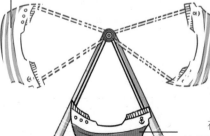

在最低点时，海盗船速度最快。

用玩具枪发射软木塞，软木塞在飞行中具有动能，所以在击中靶子时可以把靶子打倒。

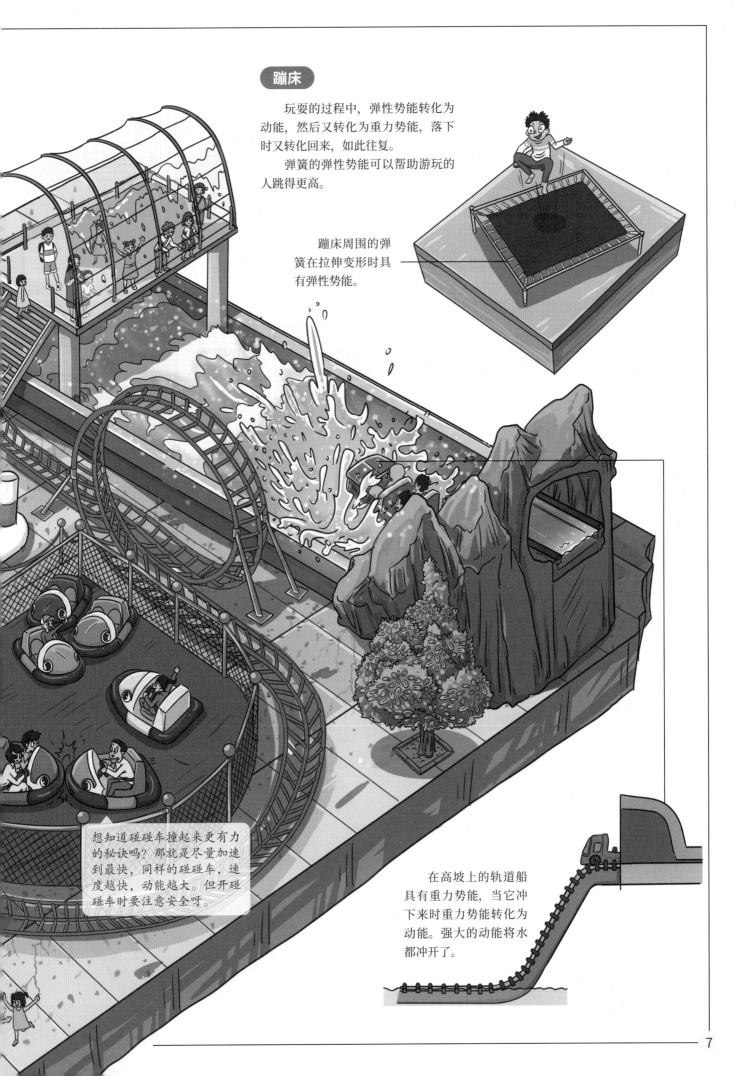

蹦床

玩耍的过程中，弹性势能转化为动能，然后又转化为重力势能，落下时又转化回来，如此往复。

弹簧的弹性势能可以帮助游玩的人跳得更高。

蹦床周围的弹簧在拉伸变形时具有弹性势能。

想知道碰碰车撞起来更有力的秘诀吗？那就是尽量加速到最快，同样的碰碰车，速度越快，动能越大。但开碰碰车时要注意安全呀。

在高坡上的轨道船具有重力势能，当它冲下来时重力势能转化为动能。强大的动能将水都冲开了。

一根杆子撬地球——杠杆

对于杠杆的各个部分我们有专门的称呼。

如果像这个杠杆一样，当动力和阻力同时作用在杠杆上，而杠杆静止，就是杠杆平衡了。

我们所用的杠杆之所以省力，和杠杆的这些部分在杠杆平衡时的关系有关。

阻力：
阻碍杠杆转动的力。

阻力臂：
从支点到阻力作用线的距离。

动力臂：
从支点到动力作用线的距离。

动力：
使杠杆转动的力。

支点：
杠杆可以绕其转动的点。

那就是力臂越长，对应的力越小；力臂越短，对应的力越大。

箱子所受的重力就是杠杆的阻力，因为我们用力的动力臂长，所以用较小的力就可以和阻力平衡了。

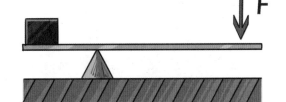

杠杆的平衡条件用数学式表示是这样的。这个公式是古希腊物理学家阿基米德提出的。

动力 × 动力臂 = 阻力 × 阻力臂

结合杠杆原理，我们可以把杠杆分为三类。

省力杠杆
动力臂比阻力臂长，用的力比阻力小。

费力杠杆
动力臂比阻力臂短，用的力比阻力大。

等臂杠杆
动力臂与阻力臂一样长，用的力和阻力一样。

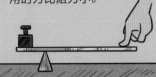
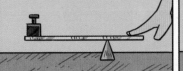
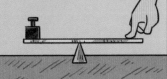

理论上动力臂越长，动力就越小。阿基米德对此还有句名言呢。

如果给我一个支点和足够长的棍子，我可以撬动地球！

知道了一个方便的机械，钱包拿回来了，走，我请你们喝冷饮。

长长短短，随处可见的杠杆应用

杠杆是人类使用最早、用途最广泛的简单机械，在生活中各处，如果你仔细观察、分析，都能发现杠杆的身影。现在你可以用杠杆原理分析一下它们的施力点（动力）还有受力点（阻力），看看它们都属于哪一类杠杆。

仔细观察撬棍的支点、施力点和受力点，它们其实并不在同一直线上，这种改变形状的杠杆依然符合杠杆原理。

受力点 支点 施力点

我们常用的剪刀都应用了杠杆原理，剪刀相当于将两个杠杆接在一个支点上。使用时，阻力臂互相靠近，用刀刃剪断东西。

你看，支点不一定会在受力点和施力点中间哟。手推车的受力点与施力点就都在支点的一侧。

撬棍是省力杠杆。

这个手推车是省力杠杆，可以让工人更轻松地搬运货物。

船桨的阻力臂比动力臂长，它是一个费力杠杆。

支点 受力点

为什么不用省力杠杆呢？省力不好吗？

因为船的空间有限，动力臂不会太长，并且阻力臂长了之后，可以让船桨在水中滑动更长的距离，一次划动能让船走得更远。用省力杠杆还是费力杠杆也要考虑到具体的需求。

哈，这一定是条大鱼！

施力点

钓鱼收竿的时候，鱼竿底端抵住身体形成支点，一只手为施力点，鱼竿前端被线拉扯为受力点，是个费力杠杆。

塔式起重机需要很长的吊臂，这样可以安装滑轨让吊钩可以在很大的一片范围内工作。

但是塔式起重机的另一端又不需要过长，这样会浪费空间，并且容易限制塔吊的转动范围。在末端加上配重，这样塔吊作为一个杠杆就前后平衡了，可以让两端一长一短也不会倾覆。

跷跷板是最常见的等臂杠杆，这样两边的体重差不多的孩子都可以轻松地撬起对方。

瓶起子是一个省力杠杆，它的受力点和施力点都在支点的一端。

支点

施力点

受力点

大人想要和小孩子一起玩，自身的重量就太大了，这位父亲巧妙地向前坐，缩短了自己的动力臂，就和小朋友平衡了。

哎呀，跑掉了！

兄弟们再加把劲！

很多古代文献都提到了用杠杆类的工具进行施工的情景，在缺乏大型机械的时代，人们用这些简单的机械建造了很多宏伟的建筑。

旋转的"杠杆"——轮轴

听你们讲过杠杆之后，我发现身边的工具很多都应用了杠杆原理，我现在选择不同的杠杆做起事来事半功倍。

那你现在可以试试把杠杆这样的工具组合成更复杂的东西。

杠杆属于简单机械，人类发明的机械有的简单，有的复杂，不过你总会在其中发现简单机械的影子。

比如这个自行车就是个好例子。

我们先看看这个车把吧。

你可以用分析杠杆的方法，分析一下这个车把吗？

施力点

支点

受力点

当然可以，施力点在车把的两侧，受力点是这个轴的边缘。

你仔细观察应该早就发现了，其实这个"杠杆"在运动时，施力点做的并不是上下运动，而是旋转运动，就像画圆一样。

是这样呢。

这种同心的一个大圆套一个小圆的结构是一种简单机械，叫轮轴。

轮

轴

在轮轴中，大的圆叫轮，小的圆叫轴。

轮轴是一种类似杠杆的简单机械，大小两个同心圆的圆心是支点，轴半径是它的阻力臂，轮半径是它的动力臂。

阻力臂

动力臂

不难看出，它是一个省力杠杆。

当然，使用轮轴时也可以从轴来施力，那样轮轴就是一个费力杠杆。

12

那为什么要把杠杆做成这种形状呢?

好处可多了,比如,在车把上,我们的双手可以从两边同时用力,更加方便高效。

做成轮的话更可以在轮的任意位置上施力。

像方向盘吗?确实很好用呢。

是的。

我们还可以把多个轮固定在一个轴上,这样通过轴或其中一个轮施力,就可以把力作用到多个轮上。

还有一个好处是,利用杠杆的平衡条件,人们只要计算调整轮轴之间的半径比例,就可以调整力的输送大小,这对于工业应用很重要。

车把应用轮轴,可以让我们轻松地转向。双手操作也更容易保持平衡。

现在再看看这辆自行车,是不是应用了很多轮轴。

将这些简单机械组合到一起就成了方便的交通工具。

我更想了解生活中还有哪些简单机械了。

后轮的牙盘和车轮是固定在同一个轴上的轮轴。

动力通过链条传达到后轮。

计算好各个轮轴之间的比例大小,才能制造出骑起来轻松舒适的自行车。

两只脚蹬做圆周运动和中心的轴也形成一个轮轴,可以省力。

省力费力转起来，生活中的轮轴

轮轴是最早被人们使用的简单机械之一，随便在身边看一看，你也许就能找到关于轮轴的应用。不过轮轴并不只是那些一眼就能认出的轮子和圆盘，在你的工具箱中翻一翻，透过外观去思考一下它们使用中的本质，你会发现很多造型特殊的工具其实也是轮轴呢。

门把手是一个省力轮轴，可以让人舒适地转动锁轴。

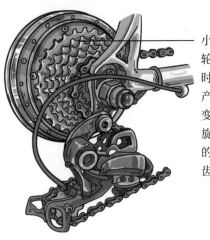

小的飞轮齿盘半径小，较为费力，而大飞轮齿盘则会更省力。同时车轮与脚蹬圈数也会产生变化，在前齿轮不变的情况下，车轮同样旋转一圈，用小齿盘蹬的圈数少，而用大齿盘蹬的圈数多。

变速自行车可以通过让链条挂在不同尺寸的飞轮齿盘上来改变蹬车时用力的效果。大齿盘省力，速度慢；小齿盘则费力，但速度快。

水车有着和风车类似的轮轴原理，只不过它的动力来自流水。

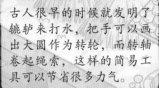

古人很早的时候就发明了辘轳来打水，把手可以画出大圆作为转轮，而转轴卷起绳索，这样的简易工具可以节省很多力气。

轴带动叶片转动，将新鲜的空气吸入涡轮推进发动机增强燃烧。

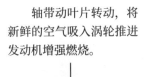

你听说过涡轮增压发动机吗？它使用的涡轮叶片也是一种轮轴，因为两个涡轮叶片安装在同一个轴上，当一个涡轮转动时可以带动另一个。

发动机的废气进入涡轮，推动叶片转动。

扳手看起来似乎和轮轴没有关系，但是当我们把它卡在螺丝上转动时，它就构成了一个轮轴。

弓形手摇钻有一个弯曲的手柄，使用时也会画出一个圆圈，让作为轴的钻头转动。

螺丝刀的手柄相当于轮，而螺丝则相当于轴。

风车巨大的扇叶相当于轮，可以转动风车轴，力量被传导到驱动轴后，可以推动同样是轮轴结构的磨盘转动。人们便可以轻松地研磨谷物。

有了这些大大小小的轮轴，我们的生活方便多了呢。

车轮是我们熟悉的轮轴，它将轴上传来的动力传递到轮胎上。

方向盘也是典型的轮轴，可以让我们省力地控制方向。

更换轮胎时使用的十字扳手，也应用了轮轴原理，这样我们才能方便省力地拧下固定车轮的轮毂螺栓。

小小轮子改变力——滑轮

方便好用的滑轮组

滑轮是一种结构简单又可以灵活组合的方便机械，日常生活中我们主要把它应用在提起重物上。它可以帮我们减少所需的力，也可以让我们更方便地调整用力的方向。观察生活中的滑轮，你能看出哪些是定滑轮，哪些是动滑轮吗？它们又帮我们节省了多少力呢？

利用定滑轮的电梯

电梯顶部用定滑轮来调整缆索的方向。

在电梯后面有配重去平衡电梯轿厢的重量，这样电机就可以用较小的动力拉起电梯。

塔式起重机的动滑轮

这部塔式起重机有 3 个定滑轮，下面有 2 个动滑轮。

动滑轮上有 4 条缆绳，所以拉力为原来的 1/4。

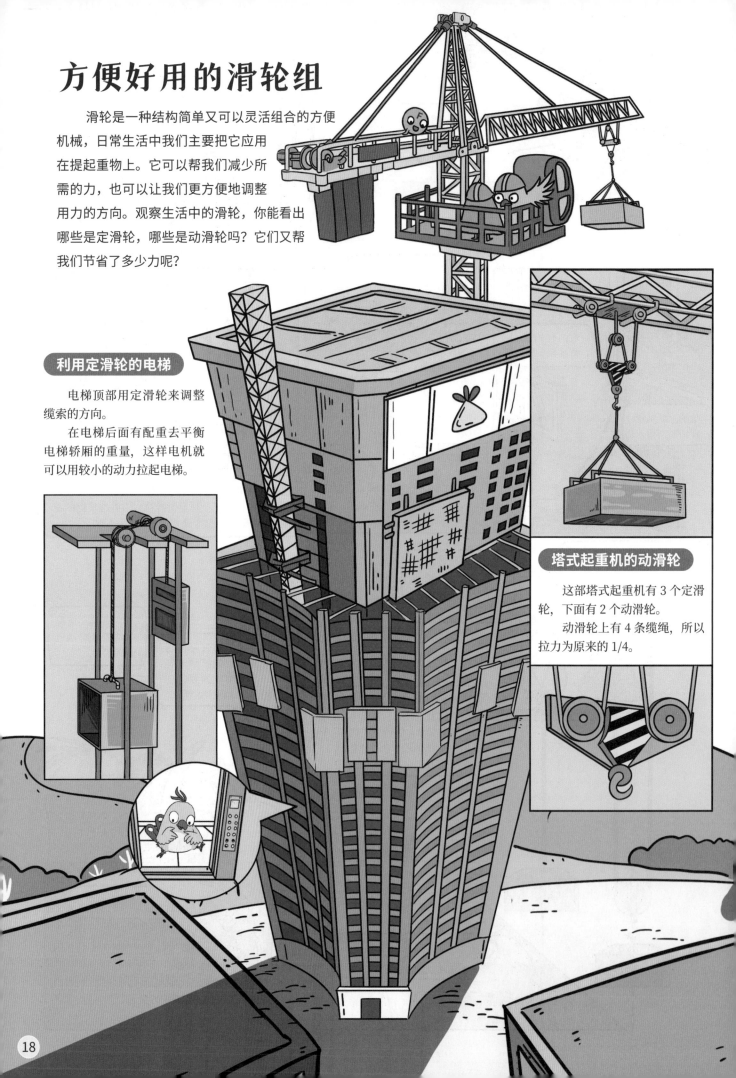

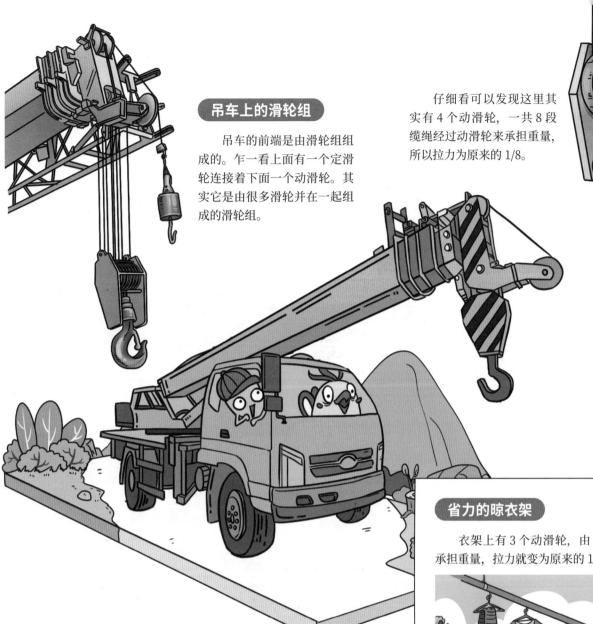

吊车上的滑轮组

吊车的前端是由滑轮组组成的。乍一看上面有一个定滑轮连接着下面一个动滑轮。其实它是由很多滑轮并在一起组成的滑轮组。

仔细看可以发现这里其实有 4 个动滑轮，一共 8 段缆绳经过动滑轮来承担重量，所以拉力为原来的 1/8。

省力的晾衣架

衣架上有 3 个动滑轮，由 6 段绳索来承担重量，拉力就变为原来的 1/6。

在天花板上固定有六个定滑轮，用来改变绳索和力的方向。

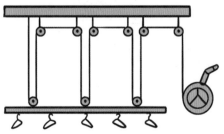

拉起晾衣架的把手采用轮轴结构，这样可以更省力。并且因为使用滑轮组会增加绳索的长度，所以将绳索绕在轮轴上节省空间。

有两个定滑轮的传送带

传送带的两端有两个定滑轮，改变传送带移动的方向。

合理运用机械

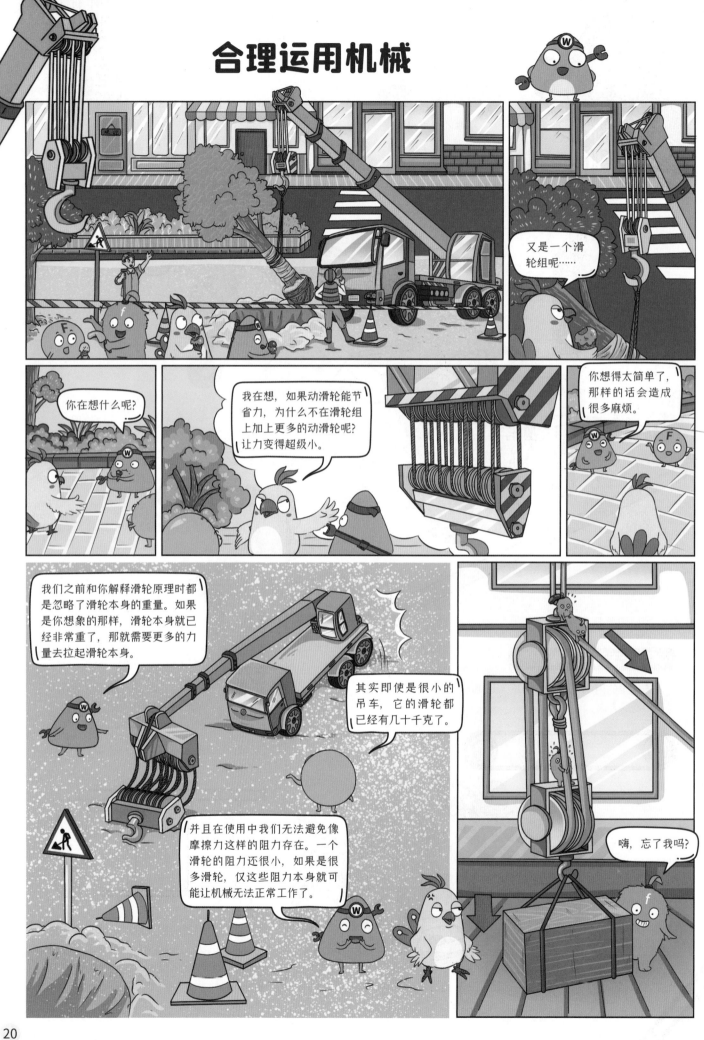

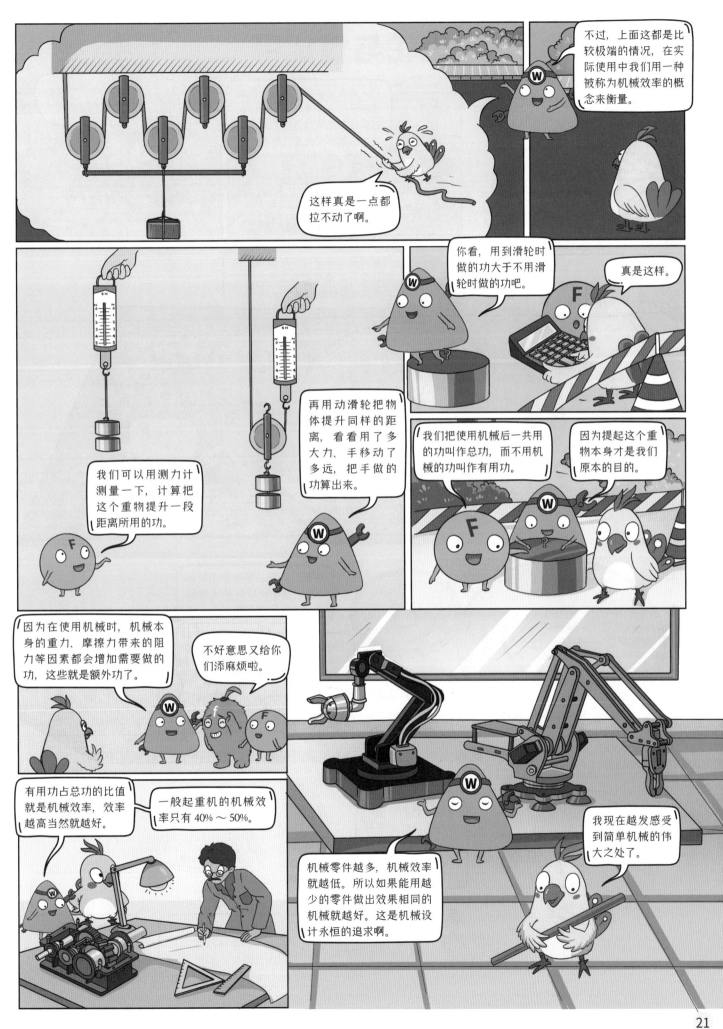

21

齿轮与传送带

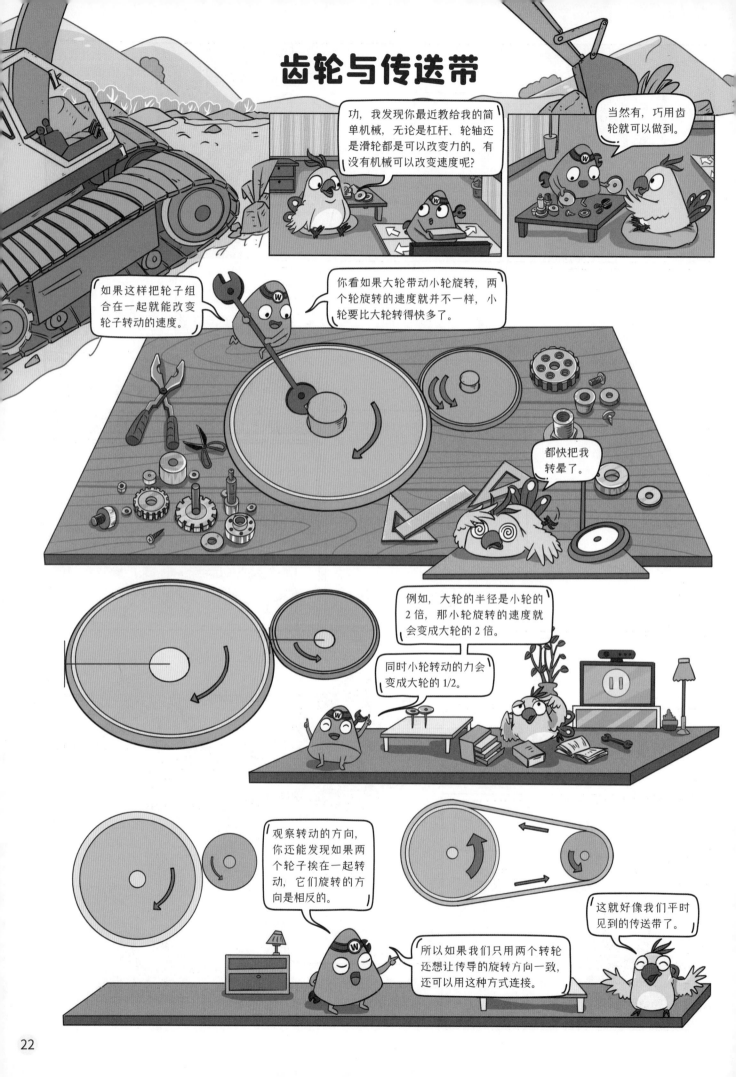

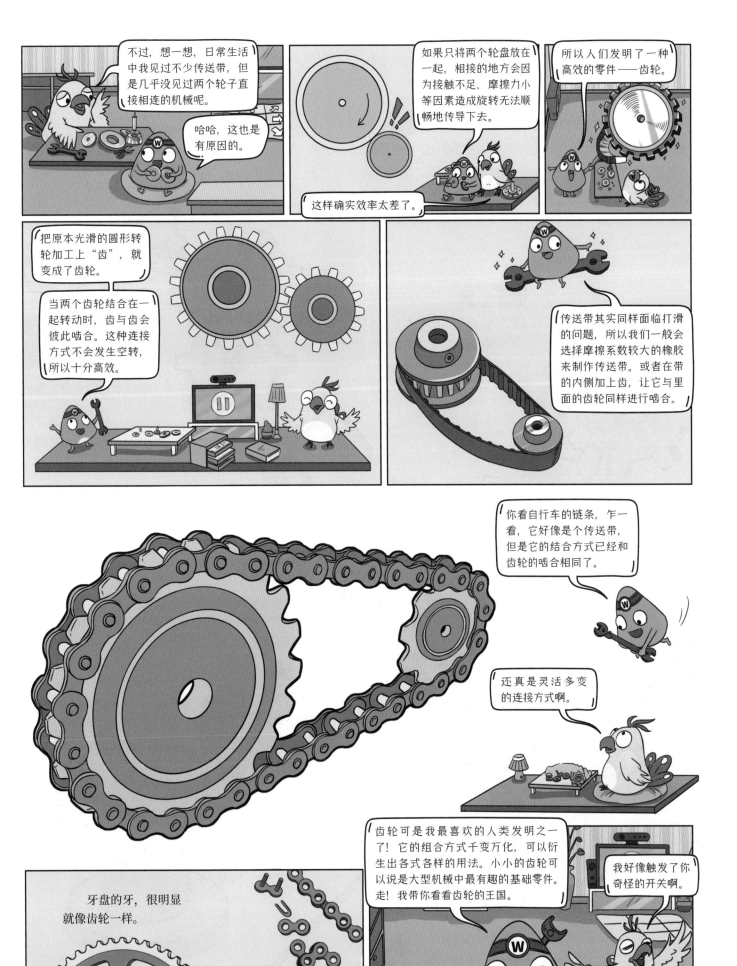

不过，想一想，日常生活中我见过不少传送带，但是几乎没见过两个轮子直接相连的机械呢。

哈哈，这也是有原因的。

如果只将两个轮盘放在一起，相接的地方会因为接触不足、摩擦力小等因素造成旋转无法顺畅地传导下去。

这样确实效率太差了。

所以人们发明了一种高效的零件——齿轮。

把原本光滑的圆形转轮加工上"齿"，就变成了齿轮。

当两个齿轮结合在一起转动时，齿与齿会彼此啮合。这种连接方式不会发生空转，所以十分高效。

传送带其实同样面临打滑的问题，所以我们一般会选择摩擦系数较大的橡胶来制作传送带。或者在带的内侧加上齿，让它与里面的齿轮同样进行啮合。

你看自行车的链条，乍一看，它好像是个传送带，但是它的结合方式已经和齿轮的啮合相同了。

还真是灵活多变的连接方式啊。

齿轮可是我最喜欢的人类发明之一了！它的组合方式千变万化，可以衍生出各式各样的用法。小小的齿轮可以说是大型机械中最有趣的基础零件。走！我带你看看齿轮的王国。

我好像触发了你奇怪的开关啊。

牙盘的牙，很明显就像齿轮一样。

一节一节的链条的空隙可以和牙盘啮合，相当于一种齿。

各式各样的齿轮

人们常常会把人类社会比喻成一台运转的机械，而人是其中的齿轮，可见齿轮对于机械的重要性。如果没有齿轮，恐怕很多的机械都不会被发明出来。齿轮的组合充满想象力，造型更是多样，有的齿轮是直的，有的是倾斜的，甚至是弯曲的。各式各样的组合方式可以对应不同的应用场景，可以传递力量或转换运动方式。齿轮根据需要有许多种变形，来认识一下有趣的各种齿轮吧。

> 齿条被齿轮带动在往后面跑啊！

正齿轮

正齿轮是我们最熟悉的一种齿轮组合，两个齿轮在同一个平面上啮合，就是正齿轮。我们可以通过改变齿轮的大小来调节速度和力，也可以在平行的面上改变旋转的方向。

齿条和齿轮

带有齿的齿条也可以和齿轮啮合，这样可以将齿轮的旋转转化为齿条的直线运动。也可以用齿条来驱动齿轮。

锥齿轮

锥齿轮的齿在锥形的斜面上，两个锥齿轮可以以一定角度啮合在一起，这样不仅可以改变速度和力的大小，还可以改变旋转的角度。

> 风车的轴连接着一个锥齿轮，这样能让在垂直方向旋转的风车带动水平方向的齿轮。

拔塞器

拔塞器巧妙地将杠杆、齿条、小齿轮等机械零件结合起来，从而让我们可以方便地将塞子拔出。

首先旋转螺旋杆，可以把拔塞器前端固定在塞子中。

随着螺旋杆插入，螺旋杆就发挥了蜗轮的作用，把手前端的齿轮随蜗轮移动，把手被抬起。

螺旋杆
可以钻入塞子中。

齿条
小齿轮可以带动齿条移动，将杠杆的力传达到螺旋杆上。

小齿轮

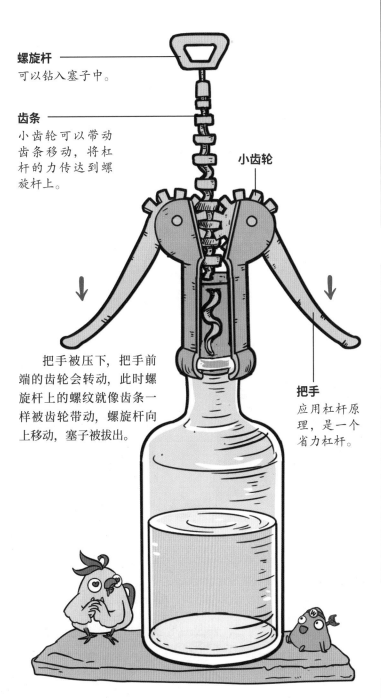

把手被压下，把手前端的齿轮会转动，此时螺旋杆上的螺纹就像齿条一样被齿轮带动，螺旋杆向上移动，塞子被拔出。

把手
应用杠杆原理，是一个省力杠杆。

蜗轮

在轴上加入螺旋状的齿纹也可以和其他齿轮的边缘啮合，这样轴旋转时，可以带动齿轮旋转。不过这种组合下，齿轮很难让螺纹轴转动，一般用于轴单向往齿轮传递运动。

行星齿轮与恒星齿轮

有一种由多个齿轮组成的齿轮组，它由一颗在中心旋转的齿轮和外围围绕它旋转的齿轮组成。它们的关系就像我们的地球（行星）围绕太阳（恒星）旋转一样，所以叫行星齿轮与恒星齿轮。

恒星齿轮　　**齿环**

行星齿轮
因为行星齿轮的轴并不是固定的，所以它既可以和恒星齿轮以相同方向旋转，也可以按不同方向旋转。

齿轮该如何旋转

现在，你已经认识很多不同类型的齿轮了，下面要不要做个测试呢？小玄凤要向哪个方向转手把，功才会被传送带送到前方呢？

快让这个传送带动起来吧！我等了很久啦！

斜面也是好帮手

嗯？这么重？

对了！找块木板。

这样好搬啦。

哈哈，你挺厉害嘛，这次会使用斜面了。

斜面？我不就是放了一块木板吗？

这件事看似简单，其实你完成了一个简单机械哟。

当我们制作了一个斜坡，它就是一个很简单的斜面，斜面可以让我们工作更省力。

我们说过做功是用力让物体在力的方向上移动距离吧。

如果我们垂直抬起物体，距离比较短，但是要用的力就较大。

这个斜面的长度一看就超过了垂直面的长度，所以如果按斜面的长度做功，一样的功，你移动的距离变长了，相应地，力就变小了。

F_1

F_2

所以，依照这个原理，同样的高度，斜面越长，就越省力。也就是斜面与水平面夹角越小就越省力。

所以我使用的木板越长，就会越省力了？

对。并且因为斜面单纯调整了做功时力和距离之间的关系，所以如果我们使用的斜面是完全光滑没有摩擦力的话，斜面的机械效率是100%，是一种很高效的简单机械。

哇，没想到一个板子这么厉害。

除了搬运东西之外，日常生活中我们对斜面还有另一种用法。

帮我搬个箱子下来。

如果让斜面移动，而物体不移动，可以借由斜面把物体抬升。

如果压力增大，楔子对地面的摩擦力也会变大，这样这个摩擦力就可以帮助楔子把门牢牢顶住啦。

如果我们把这个具有斜面的楔子放入门下，它会把门顶起，同时门有很大的力压下来。

哈哈，一开始自然而然就想到用斜面的我果然是个小天才啊。

越简单的机械运用就越广泛，所以斜面还有很多种用法呢。

走，我带你去见识一下。

用斜面来做大事

斜面简单方便，在人类理解其中的奥秘之前，就已经很自然地开始使用斜面来协助工作了。直到现在，斜面应用依然体现在我们生活的方方面面。

随着金字塔的建造，坡道也会环绕金字塔越修越高，环绕的方式也增加了长度。像不像现在的盘山公路呢？

用斜面建造金字塔

古代有很多雄伟的巨型建筑，在那个没有大型机械的时代，人们是如何完成这些工程的呢？

金字塔主要由大块的花岗岩修成。

坡道

为了往高大的金字塔上运送石料，人们修建了坡道，坡道尽量长而缓以便更加省力。

坡道上的轨道

这些圆木与石材间产生的摩擦力比在地面上移动时小。

遇到转弯时，人们会用杠杆的原理来帮助石头转向。

搬运时有人拉，还有人利用杠杆从后面帮助推。

那最开始的原木是怎么放到石块下的呢？

可以用楔子和杠杆把石材撬起来。

人们在轨道上洒水，以便更好地减小摩擦力。

在平地运输石材时，人们会在石材下垫上圆木，用滚动的木头来代替轮子。

后面的人会回收走过的圆木，放到前面，如此反复。

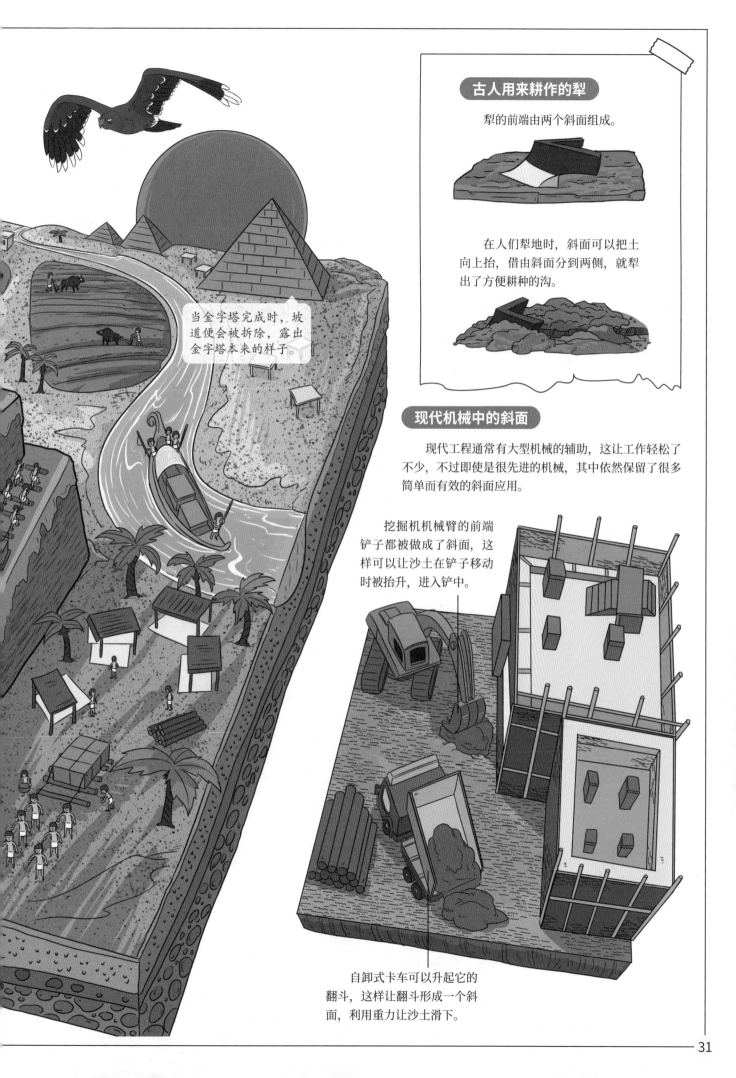

当金字塔完成时，坡道便会被拆除，露出金字塔本来的样子。

古人用来耕作的犁

犁的前端由两个斜面组成。

在人们犁地时，斜面可以把土向上抬，借由斜面分到两侧，就犁出了方便耕种的沟。

现代机械中的斜面

现代工程通常有大型机械的辅助，这让工作轻松了不少，不过即使是很先进的机械，其中依然保留了很多简单而有效的斜面应用。

挖掘机机械臂的前端铲子都被做成了斜面，这样可以让沙土在铲子移动时被抬升，进入铲中。

自卸式卡车可以升起它的翻斗，这样让翻斗形成一个斜面，利用重力让沙土滑下。

双斜面——楔

你知道吗？几乎所有的切割工具都应用了楔形的两个斜面。因为斜面可以将向一个方向运动转化为向斜面侧的运动，这样当我们切割开物体后，斜面可以帮助我们进一步把物体分开。

斧子就是一个最简单的应用斜面的切割用具，把一个楔形斜面安装在木棍上就完成了。

向下运动
侧向运动

斧子向下运动

树桩向两侧分开

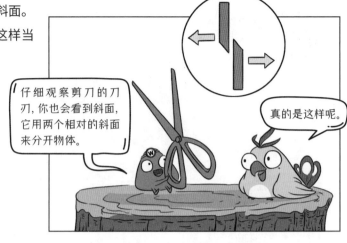

仔细观察剪刀的刀刃，你也会看到斜面，它用两个相对的斜面来分开物体。

真的是这样呢。

电推子

在电推子前端的内部有两排齿状的刀片，它们各自具有倾斜而锐利的表面。

其中一排齿状刀片会来回运动，与另一排刀片交错缺口。齿刀打开时，头发可以进入两排齿刃的中间，当齿刃闭合时，头发便会被切断。

看看下面桌子上的东西，这些方便的小工具都用斜面来切割物体。

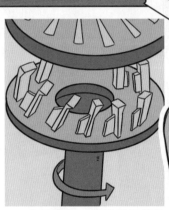

电动剃须刀前端采用的是旋转的刀片。

刀片网罩

刀片圆盘

观察刀头可以看到，每一个小刀刃上都有一个斜面。

电动剃须刀

剃须刀的网罩很光滑，在皮肤上移动时会让胡须通过网眼并伸向刀头，刀头转动时，带有斜面的刀刃就会把胡须切断。

我们常在一些小物件的卡扣上见到斜面，当斜面被插入时垂直于斜面的压力会压缩斜面或撑开被插入的外壳，当斜面通过时这种形变就会回弹，楔形的斜面就被固定在外壳里，起到固定作用。

我们常用的钳子的头部就有多样的设计，其中平面和带有齿牙的弧面都是为了夹紧不同形状的物体而设计的。中间有一段采用了斜面设计，则是为了方便剪断物体。

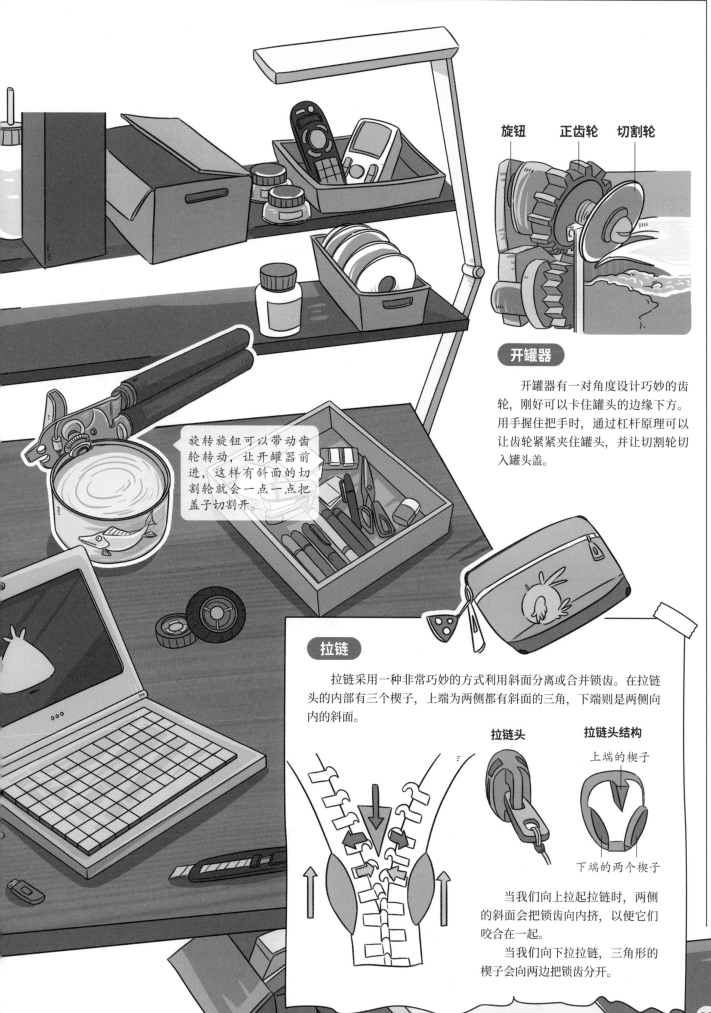

旋钮　　正齿轮　　切割轮

开罐器

开罐器有一对角度设计巧妙的齿轮，刚好可以卡住罐头的边缘下方。用手握住把手时，通过杠杆原理可以让齿轮紧紧夹住罐头，并让切割轮切入罐头盖。

旋转旋钮可以带动齿轮转动，让开罐器前进，这样有斜面的切割轮就会一点一点把盖子切割开。

拉链

拉链采用一种非常巧妙的方式利用斜面分离或合并锁齿。在拉链头的内部有三个楔子，上端为两侧都有斜面的三角，下端则是两侧向内的斜面。

拉链头　　　　　拉链头结构

上端的楔子

下端的两个楔子

当我们向上拉起拉链时，两侧的斜面会把锁齿向内挤，以便它们咬合在一起。

当我们向下拉拉链，三角形的楔子会向两边把锁齿分开。

盘旋的斜面——螺旋

你这么仔细，在研究什么科研难题吗？

你看，大桥、摩天大楼这些建筑，还有轮船这些机械都很巨大，它们的零件一定都很重。

嗯，对啊。

但是这些零件都只靠小小的螺钉连接在一起，真的安全吗？

没问题，因为螺钉有它的独门法宝——螺旋的斜面啊。

螺旋斜面？

螺旋是斜面的一种衍生，是盘旋的斜面。

你看比如螺钉是个塔，我们要把重物推上去，你搭个斜面吧。

但是，塔也太高了，我们需要一个很长的斜面才能省力吧。

如果我们把斜面盘到塔的周围，一圈一圈向上呢？

哦，这样就能放下了。

螺旋的斜面，通行距离很长，所以推起来很省力，螺母就相当于我们推的箱子。

螺母

螺钉

我们看一下螺母的移动，你会发现，螺母旋转的距离很长，但是它向上移动的距离很短。

竟然差距这么大。

螺母移动的距离

螺母旋转的距离

还记得做同样大小的功，距离与力之间的关系吗?

距离越长，力越小；距离越小，力越大。

对，在拧螺母时，我们拧螺母就是在做功。产生这个功的力量很小，但是让螺母转几十圈，距离很长。

螺旋可以把我们旋转螺母所做的功，转化为让螺母垂直移动的功。相比旋转的距离，螺母向上移动距离就小太多了，所以我们做功的总量不变，距离变小，力就变大了。

原来如此，所以小小的螺钉和螺母才有那么大的力量啊。

增大的压力会让螺钉和螺母之间的摩擦力变得更强，从而让螺钉更牢固。

现在明白螺钉的厉害之处了吧，所以螺钉可以说是最常用来固定的零件了，只要螺钉本身硬度足够大，它就可以固定一切。

斜面可以做成楔子，插入物体间使用，螺旋也有类似的用法，比如这个自攻螺钉。

圆柱头螺钉因为搭配螺母使用，在螺母中有配套的轨道所以它的螺旋面是平的。

再看自攻螺钉，它的螺旋配合尖头，螺旋也做成了斜面，这样可以让它更容易在旋转时钉入物体中。

因为加入了螺旋纹，螺钉用来固定东西可要比一般的钉子牢固多了。

盘旋的斜面——螺旋，真是太厉害了。

圆柱头螺钉

螺母

自攻螺钉

移动、固定和传递——螺旋的应用

　　螺旋是一种非常有趣的形状，根据使用方式不同，它可以用来紧固、传力或传动。在很多精密的仪器和需要密封的物品上我们常常会见到螺旋的应用，它是一种十分可靠的简单机械。带有螺旋的工具旋转每一圈都会坚定地前进，是不是也感觉有种令人敬佩的不屈精神呢？

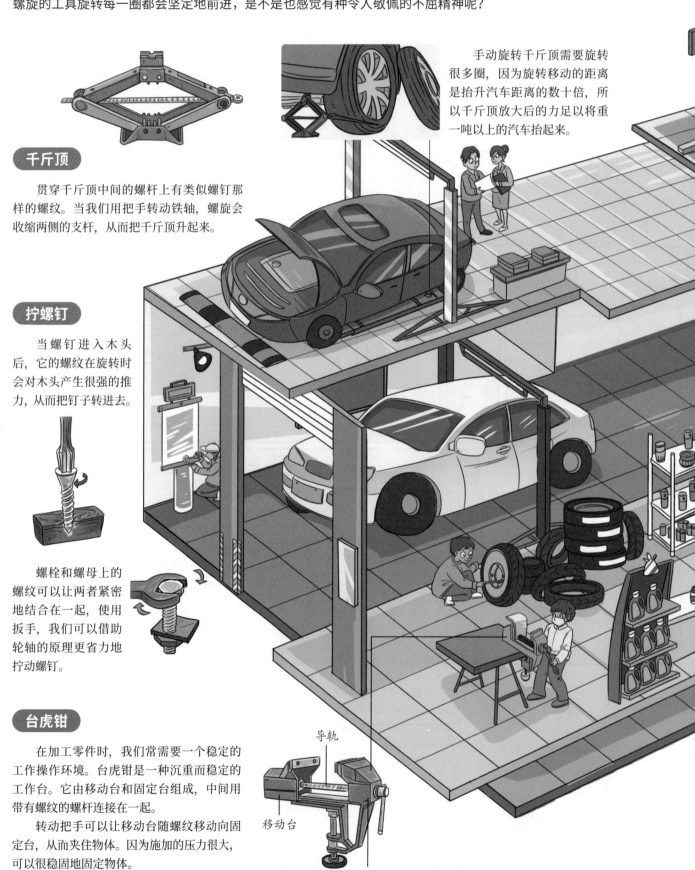

手动旋转千斤顶需要旋转很多圈，因为旋转移动的距离是抬升汽车距离的数十倍，所以千斤顶放大后的力足以将重一吨以上的汽车抬起来。

千斤顶

　　贯穿千斤顶中间的螺杆上有类似螺钉那样的螺纹。当我们用把手转动铁轴，螺旋会收缩两侧的支杆，从而把千斤顶升起来。

拧螺钉

　　当螺钉进入木头后，它的螺纹在旋转时会对木头产生很强的推力，从而把钉子转进去。

　　螺栓和螺母上的螺纹可以让两者紧密地结合在一起，使用扳手，我们可以借助轮轴的原理更省力地拧动螺钉。

台虎钳

　　在加工零件时，我们常需要一个稳定的工作操作环境。台虎钳是一种沉重而稳定的工作台。它由移动台和固定台组成，中间用带有螺纹的螺杆连接在一起。

　　转动把手可以让移动台随螺纹移动向固定台，从而夹住物体。因为施加的压力很大，可以很稳固地固定物体。

导轨

移动台

固定台

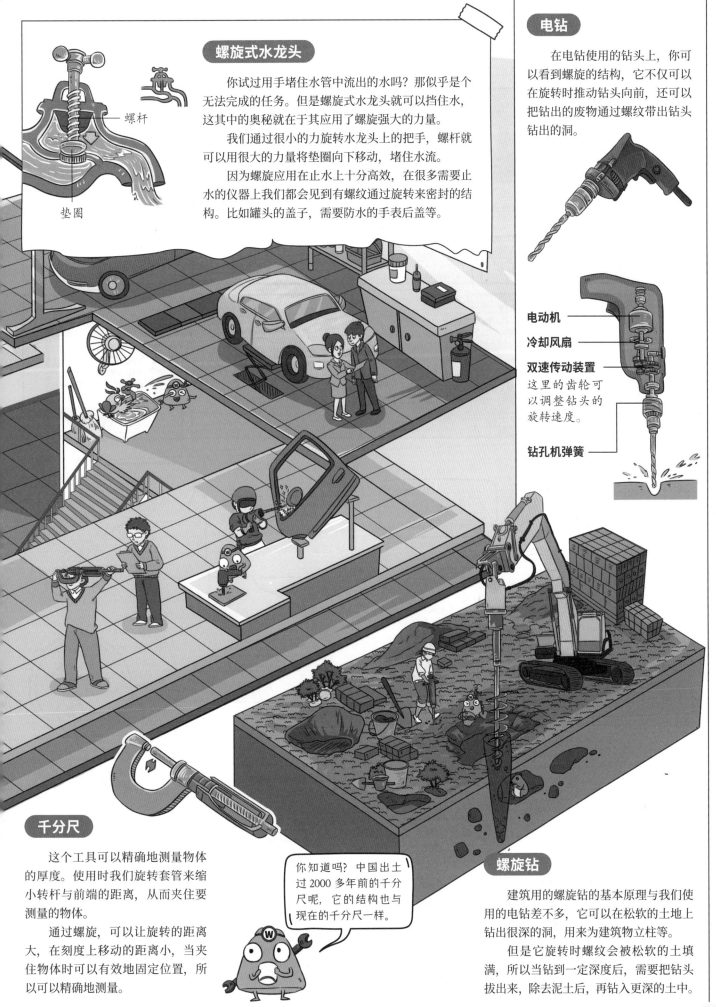

螺旋式水龙头

你试过用手堵住水管中流出的水吗？那似乎是个无法完成的任务。但是螺旋式水龙头就可以挡住水，这其中的奥秘就在于其应用了螺旋强大的力量。

我们通过很小的力旋转水龙头上的把手，螺杆就可以用很大的力量将垫圈向下移动，堵住水流。

因为螺旋应用在止水上十分高效，在很多需要止水的仪器上我们都会见到有螺纹通过旋转来密封的结构。比如罐头的盖子，需要防水的手表后盖等。

螺杆

垫圈

电钻

在电钻使用的钻头上，你可以看到螺旋的结构，它不仅可以在旋转时推动钻头向前，还可以把钻出的废物通过螺纹带出钻头钻出的洞。

电动机

冷却风扇

双速传动装置
这里的齿轮可以调整钻头的旋转速度。

钻孔机弹簧

千分尺

这个工具可以精确地测量物体的厚度。使用时我们旋转套管来缩小转杆与前端的距离，从而夹住要测量的物体。

通过螺旋，可以让旋转的距离大，在刻度上移动的距离小，当夹住物体时可以有效地固定位置，所以可以精确地测量。

你知道吗？中国出土过 2000 多年前的千分尺呢，它的结构也与现在的千分尺一样。

螺旋钻

建筑用的螺旋钻的基本原理与我们使用的电钻差不多，它可以在松软的土地上钻出很深的洞，用来为建筑物立柱等。

但是它旋转时螺纹会被松软的土填满，所以当钻到一定深度后，需要把钻头拔出来，除去泥土后，再钻入更深的土中。

改变运动的方式——凸轮与曲柄

这一地区石油储量丰富，日产原油可达……

这种机器看起来好厉害啊。

它叫游梁抽油机。

因为它的连接油泵的那个巨大的零件——驴头会上下不停地抬起、低下，所以又被称为"磕头机"。

只要一台电机这样的驱动装置不停地转动，就可以让它不停地"磕头"了。

杠杆的一端不是上下运动的吗？怎么是旋转驱动了？

这就要请曲柄登场了，它可以改变机械运动的方式。

假设有一个转轮，在上面定一个点，并让转轮转动起来。

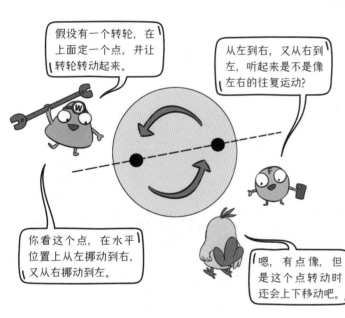

从左到右，又从右到左，听起来是不是像左右的往复运动？

如果我们这样用连杆连接这个装置呢？

你看，当这个轮旋转起来时，连杆将直线上的位移传递给了杆，让杆开始做往复直线运动了。

对这个杆限位让它只能左右移动。

你看这个点，在水平位置上从左挪动到右，又从右挪动到左。

嗯，有点像，但是这个点转动时还会上下移动吧。

曲柄

杆

连杆

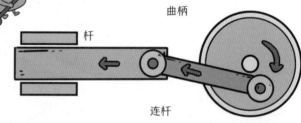

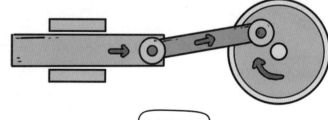

这个旋转带动连杆的装置就叫曲柄，它可以转化旋转运动与往复直线运动。

又认识了一个新机械。

太神奇了。

曲柄不仅可以把旋转变为往复直线运动，反过来，往复直线运动也可以带动曲柄旋转，这样就可以方便地转化运动的方式了。

现在你再看看磕头机，就明白旋转的电机，如何通过曲柄去驱动它了吧。

原本我以为是个很复杂的问题，没想到解决得这么简单。

还有没有类似这样特别的机械，能够改变运动方式的？顺便多教我一些吧。

那再告诉你一个简单的吧。

这个小家伙就可以。

哦？好灵巧的小东西。

我知道，这个小东西叫凸轮，就是有凸起的固定转轮。

凸轮转动起来时，当凸起的部分移动到杆的位置，就会把杆顶起来。

等凸起经过杆后，杆又会落下来，这样旋转运动也转化为往复直线运动啦。

凸轮也可以不止一个凸起，那样在轮旋转一周的过程中杆就会有更多的运动变化。

不过和曲柄不同，凸轮只能用旋转带动往复直线运动，而杆无法反过来驱动凸轮。

机械的奥秘真是越学越有趣呢。

旋转与往复运动的交响曲

你知道吗？曲柄可以说是一项为人类发展做出重要贡献的机械。因为瓦特改良了蒸汽机，推动了工业革命，进而推动蒸汽机车跑遍了世界各地。但是，蒸汽机中的气缸其实是做往复直线运动的，让蒸汽机可以顺利为火车提供动力的就是曲柄。至今，在交通工具上，曲柄依然发挥着至关重要的作用。

煤水车
前部装有煤炭，后半部有水箱，供火车使用。

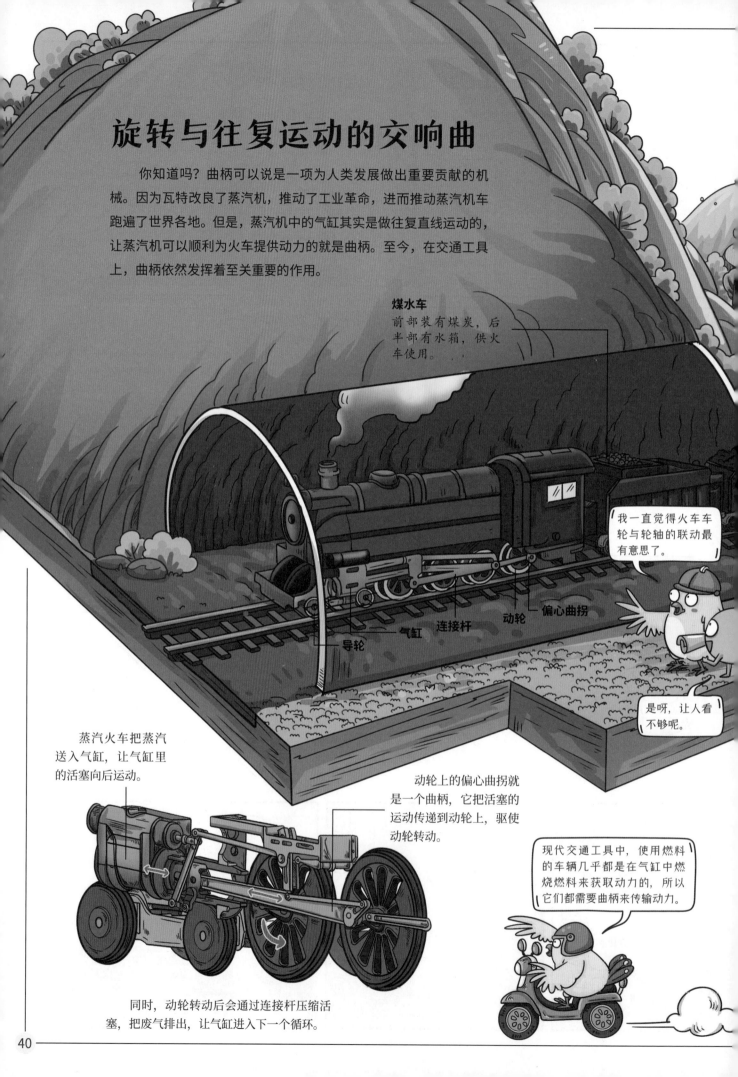

我一直觉得火车车轮与轮轴的联动最有意思了。

是呀，让人看不够呢。

导轮　气缸　连接杆　动轮　偏心曲拐

蒸汽火车把蒸汽送入气缸，让气缸里的活塞向后运动。

动轮上的偏心曲拐就是一个曲柄，它把活塞的运动传递到动轮上，驱使动轮转动。

现代交通工具中，使用燃料的车辆几乎都是在气缸中燃烧燃料来获取动力的，所以它们都需要曲柄来传输动力。

同时，动轮转动后会通过连接杆压缩活塞，把废气排出，让气缸进入下一个循环。

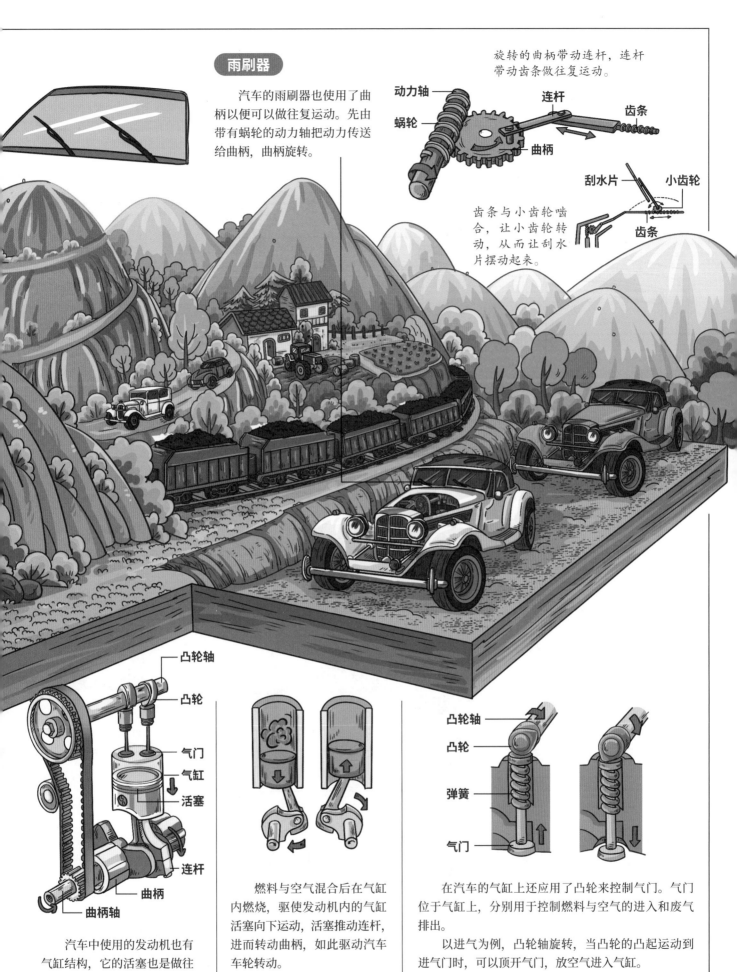

雨刷器

汽车的雨刷器也使用了曲柄以便可以做往复运动。先由带有蜗轮的动力轴把动力传送给曲柄，曲柄旋转。

旋转的曲柄带动连杆，连杆带动齿条做往复运动。

动力轴
蜗轮
连杆
齿条
曲柄

齿条与小齿轮啮合，让小齿轮转动，从而让刮水片摆动起来。

刮水片   小齿轮
齿条

凸轮轴
凸轮
气门
气缸
活塞
连杆
曲柄
曲柄轴

汽车中使用的发动机也有气缸结构，它的活塞也是做往复的直线运动，需要借助曲柄转化为旋转的动力。

燃料与空气混合后在气缸内燃烧，驱使发动机内的气缸活塞向下运动，活塞推动连杆，进而转动曲柄，如此驱动汽车车轮转动。

曲柄继续转动，推动活塞回到原来的位置。

凸轮轴
凸轮
弹簧
气门

在汽车的气缸上还应用了凸轮来控制气门。气门位于气缸上，分别用于控制燃料与空气的进入和废气排出。

以进气为例，凸轮轴旋转，当凸轮的凸起运动到进气门时，可以顶开气门，放空气进入气缸。

凸轮轴继续旋转，凸起离开气门，弹簧让气门归位，关闭气门。空气就被封闭在气缸中了。

拥有巧妙设计的机械

日常生活中我们会应用到很多机械，它们是怎样工作的呢？其实它们应用的原理可能很简单，是机械工程师通过观察、研究、总结，将物理知识融入其中设计出来的。一个特殊形状的零件，也许就能让需求迎刃而解。

滚轮遮阳帘

你使用过滚轮遮阳帘吗？它可以将遮阳帘固定在任何需要的高度，当我们需要拉下它时，要缓慢地拉动绳索；而想要升起时，则要快速地拉一下绳索。它是如何区分拉力的呢？其实都是靠其中的棘轮装置。

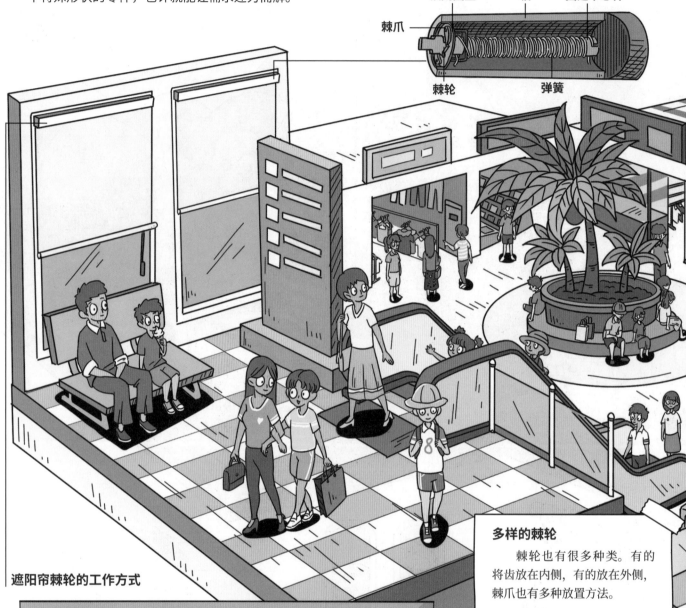

锁闭圆盘　　轴　　固定中心杆

棘爪

棘轮　　　弹簧

遮阳帘棘轮的工作方式

多样的棘轮

棘轮也有很多种类。有的将齿放在内侧，有的放在外侧，棘爪也有多种放置方法。

降低遮阳帘

轻拉绳索，棘爪会沿着棘轮旋转，从斜面上抬起，滑过棘轮。

定位遮阳帘

当我们松开绳索时，轴内的弹簧会反向旋转棘轮，棘轮就会被棘爪卡住。

释放遮阳帘

快速拉动一下绳索，离心力会让棘爪靠在外围圆圈上，这样棘爪与棘轮就解锁了。

拉起遮阳帘

当棘爪与棘轮被解锁后，弹簧会快速旋转轴，让遮阳帘收回来。

内啮合式棘轮

外啮合式棘轮

弹簧固定棘轮

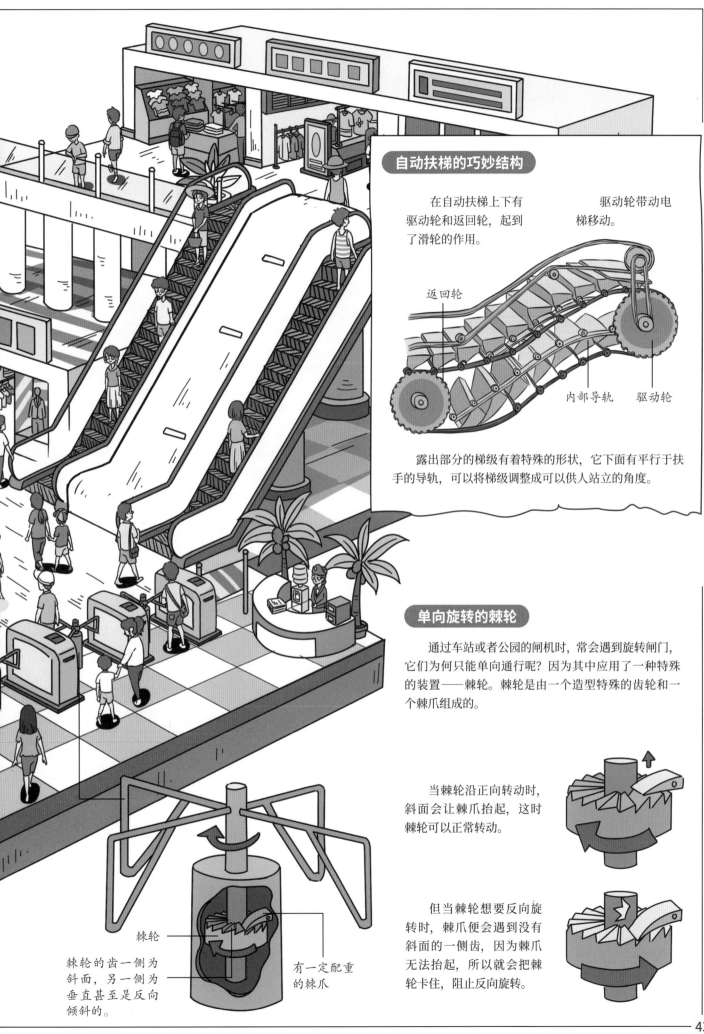

自动扶梯的巧妙结构

在自动扶梯上下有驱动轮和返回轮，起到了滑轮的作用。

驱动轮带动电梯移动。

返回轮

内部导轨　驱动轮

露出部分的梯级有着特殊的形状，它下面有平行于扶手的导轨，可以将梯级调整成可以供人站立的角度。

单向旋转的棘轮

通过车站或者公园的闸机时，常会遇到旋转闸门，它们为何只能单向通行呢？因为其中应用了一种特殊的装置——棘轮。棘轮是由一个造型特殊的齿轮和一个棘爪组成的。

当棘轮沿正向转动时，斜面会让棘爪抬起，这时棘轮可以正常转动。

但当棘轮想要反向旋转时，棘爪便会遇到没有斜面的一侧齿，因为棘爪无法抬起，所以就会把棘轮卡住，阻止反向旋转。

棘轮

棘轮的齿一侧为斜面，另一侧为垂直甚至是反向倾斜的。

有一定配重的棘爪